Gereimte Evolution

Zur Autorin:

Die Stipendiatin der Bayerischen Hochbegabtenförderung Sissy Vogg schloss ihr Jurastudium und ihren Magisterstudiengang Lateinische Philologie mit den Nebenfächern Altgriechisch und Klassische Archäologie erfolgreich ab, ehe sie sich zur geprüften Fachberaterin für betriebliche Altersversorgung ausbilden ließ. In diesem Beruf ist sie heute als selbständige Beraterin tätig. 12 Jahre lang war sie außerdem Stadträtin für die Ökologisch-Demokratische Partei (ÖDP) in Augsburg, wo sie 1966 geboren wurde und seit 1985 lebt.

2007 veröffentlichte Sissy Vogg im Frauenaug-Verlag ihren ersten Roman mit dem Titel „Brüder, Söhne, Liebhaber".

„Gereimte Evolution" ist ihr zweites Buch.

Sissy Vogg

Gereimte Evolution

Eine Kurzfassung der Evolution in Versen

Bibliografische Information der Deutschen Nationalbibliothek: Die Deutsche Nationalbibliothek verzeichnet diese Publikation in der Deutschen Nationalbibliografie; detaillierte bibliografische Daten sind im Internet über dnb.dnb.de abrufbar.

© 2023 Sissy Vogg

2. Erweiterte Auflage
Herstellung und Verlag:
BoD - Books on Demand, Norderstedt
ISBN: 978-37-4318-093-2

Inhaltsverzeichnis

10. Wenn das Leben zu oft bedroht,
    sucht es neue Räume in seiner Not.

11. Neue Räume besiedelt nur,
    wer für neue Funktionen ändert die
    Struktur.

12. Erneut schafft eine Katastrophe Platz
    für den nächsten Artenschatz.

13. Neu gemischte Gene erlauben freieres
    Verhalten,
    das umgekehrt kann Gene neu schalten.

14. Gäbe es wirklich Gottes Design,
    existierte nur eine Art Menschenbein.

15. Auch wenn unsere Vorstellung
    überfordert ist –
    zur Rettung bleibt nur kurze Frist!

1. Sich selbst kopieren – das heißt Leben.

Wer sich dupliziert, kann mehr anstreben.

Am Anfang entstanden Moleküle, die stabil.

Nur was zusammenblieb und nicht zerfiel,

konnt' sich in der Ursupp' aufaddieren.

Anziehungskräfte begannen zu sortieren.

Verhakte B sich gern in A, ergab das BA.

Geschah das oft, bildete sich eine Kette.

Im Urmeer waren genügend Moleküle da,

die sich derart verbanden um die Wette.

Pyrin- und Pyrimidinketten entstanden zuhauf,

aus ihnen baut sich Desoxyribonucleinsäure auf.

Die allererste DNS, die fungierte als Schablone,

schuf also ihre eig'nen Klone.

Zeit für solche Zufälle gab's genug,

die des Lebens Bausteine zusammentrug.

Positive und negative Klone konnten entstehen

und als ganze, als Teilchen wieder vergehen

oder sich in seither existierenden Genen

nach immer neuen Lebensformen sehnen.

2. Danach ward erfunden das Prinzip:

„Stirb nur, deine Bauteile sind mir lieb."

Je mehr Moleküle sich an guten Plätzen ballten,

desto häufiger sie zusammenprallten.

Daher versuchten sich die Ersten abzuscheiden,

auch um den Verlust von Teilchen zu vermeiden.

Rings um die gesammelte Molekülefülle

zogen sie Substanzen an für eine Hülle.

Die Vorreiter, denen dies gelang, überlebten besser.

Manche der Urzellen waren gar noch kesser.

Sie gingen über, andere Hüllen zu umkreisen

und sie umfangend zu verspeisen.

Noch heute arbeitet uns're Immunabwehr

nach der Devise: „Tod durch Verzehr".

3. Zusammenballen bringt Gewinn,
und Teile kriegen einen neuen Sinn.

Friedliche Urzellen, die sich zusammenschlossen,

konnten sich leichter gegen Fressfeinde wehren.

Und so kam es, dass in den Meeren

die ersten Urzellhaufen sprossen.

Auch verschiedene Arten bilden dabei 'nen Verein,

die einen reagieren auf jeden Lichtreiz fein,

die anderen bewegen sich mit Flimmerhaar.

Zusammen sind sie ein fitteres Paar.

Urkraftwerke und -füße stellen sie dar.

Es entstehen Leitzentralen, Ursinne und -mägen,

alles Funktionen, die später auch die Körper prägen.

Über Jahrmillionen gesellten sich also viele

spezialisierte Teilchen dazu und so

entstanden nach und nach echte Zellprofile,

um genau zu sein, ein wahrer Zellenzoo.

Anfangs noch ohne einen Zellenkern,

der aber ist nicht mehr allzu fern.

4. Licht und Sonnenergie –

was wären wir alle ohne sie?

Wie heißt der Vorgang, der danach begann,

Einzeller zu ziehen in seinen Bann?

Photosynthese! Sie ist die Mutter

jedweder Art von Lebensfutter.

Vermutlich entstand sie durch Mutation.

Ein Riesenvorteil war ihr Lohn.

Aus Kohlendioxid, Wasser und Licht

entstehen Sauerstoff und Glucoseschicht!

Man kann die Wichtigkeit gar nicht genug betonen,

die dieser Prozess hat seit Äonen.

Jede noch so kleine Organelle,

ist ein dabei Energieverbrauchsgeselle

des Gesamtverbundes „Zelle".

5. Auch komplette Körper dienen Genen als Überlebensmaschinen.

Keine Photosynthese ohne Licht,

wohl der Zelle, die schon schwimmt auf Sicht.

Und wieder begann sich das Feld zu teilen

in grüne Zellen, die im Lichte weilen,

um Kraft aus der Sonn' zu schöpfen

und solche, die die Erzeuger schröpfen.

Einzelne grüne Zellen wollen sich schützen,

indem sie Zusammenschlüsse nützen.

Das wiederum bringt die anderen dazu,

zu verfahren nach dem gleichen Clou.

Irgendwann bauen sich ganze Körper auf,

die Entwicklung befindet sich in einem Lauf.

„Pflanzen" nennen wir die erste Gruppe,

„Tiere" die zweite Truppe.

Zuerst sind die Körper beider weich,

Schwämmen oder Quallen gleich.

Später entstehen Schalen und Skelette,

peu à peu reiht sich auf der Entwicklung Kette.

Ebenso fahren Einzeller fort zu reüssieren,

als Archaeen, Bakterien oder Protisten.

Nur ihre Gene verstreuen gar die Viren,

die Wirtszellen brauchen, um sich einzunisten.

Zu viel Fremdes im Zellenschrank

macht den Wirt gefährlich krank.

6. Gene teilen, mischen, weiterreichen –
der Eifer sucht seinesgleichen!

Wie werden Gene übertragen?

Ebenfalls eine der wichtigen Fragen.

Gibt es von den Zellen nur eine,

gilt: verteile alle Gene auf zwei neue Zellbeine.

Schon Einzeller sortieren zudem mit Gemach

Gene, bevor sie einzelne tauschen, nach und nach.

Je mehr Vielfalt, desto besser fürs Überleben.

Jede neue Fähigkeit kann den Ausschlag geben.

Wessen Moleküle mehr Licht absorbieren,

kann beim nächsten Schlechtwetter brillieren.

Wessen Kraftwerke mehr aus Substanzen holen,

wärmt sich leichter, was bei Kälte sehr empfohlen.

Das Mischen von Genen bedingt,

dass sich noch das Prinzip „Sex" einklinkt.

Das bedeutet, dass zwei Individuen einer Art

bei Treffen sofort die Gentauschrichtung wissen.

Dabei kann es heftig zugehen oder zart,

in jedem Fall kommt es zu Genergüssen.

Wer seine Gene bringt an die Frau,

bekommt seine Fortpflanzung für lau.

Daher galt schon „chercher la femme",

als noch alles im Wasser schwamm.

Nur die Frau gibt Zellkraftwerke weiter;

sie zeigen ihre eig'ne Stammbaumleiter.

So wurde auch Thor Heyerdahl widerlegt:

Die Boote der Urpolynesier kamen von Asien her übers
Meer gefegt.

Für das Schmarotzen bei den Zellzahlen

kämpfen Männchen gegeneinander als Rivalen.

Statt der zwei Geschlechter vier oder drei

hätte bedeutet: zu viel Bohei.

Männ- und weibliche Keimzellen reichen schon

fürs Zeugen einer neuen Gen'ration.

Doch obwohl die Geschlechteranzahl zwei,

ist die individuelle Ausgestaltung völlig frei.

Bei 1500 Arten sah mensch schwules Verhalten,

ohne dass Artgenossen je Fäuste ballten.

Fortpflanzung ist eben nicht immer das Ziel,

Aggressionen einzuhegen, gehört mit zum Spiel.

Insbesondere Arten, die sich ohne Maß vermehren,

sollten sich über sexuelle Vielfalt nicht beschweren.

7. Katastrophen schädigen den Lebensbaum; neue Formen wurzeln am alten Saum.

Doch des Lebens Linie verlief nicht gerade.

Änderte sich das Klima um einige Grade,

rannten ganze Artenstämme ins Verderben.

Meist hinterließen sie nur ein paar Erben.

So erging es zum Beispiel den Trilobiten.

In welche Katastrophe sie gerieten,

ehe ihr Untergang zu konstatieren war,

ist bislang nicht sicher klar.

War es das viele Sauerstoff-Konzentrieren

durch Synthese, das die Erde ließ gefrieren?

Das war zuvor schon einmal passiert,

eine Kältezeit hätte fast alles ausradiert.

Oder war es eine andere Wende,

die besiegelte der Gliederfüßer Ende?

Die Entwicklungsstränge der Spinnen

sollen wiederum in ihnen beginnen.

8. Muta-, Varia- und Selektion
erfüllen eine wichtige Funktion.

Und was geschieht nach jeder Katastroph'?

Ganz langsam hält das Leben wieder Hof.

Betrachten wir erst der Wasserwesen Schar,

schon ihre Vielfalt ist wunderbar.

Ob durch Teilchenabsaugen vom Sand,

ruhige Futtersuche am Algenband,

oder obenauf des Planktons Lichtsynthese,

bald zeigt sich überall buntestes Gewese.

Auch alle Jägernischen werden besetzt.

Der eine schleicht, der and're hetzt,

der Dritte auf der Lauer seine Zangen wetzt.

Es wird nicht nur Lebendes gejagt,

sondern auch an Verwesendem genagt.

Andere bauen ganze Burgen wie Korallen.

Und nach wie vor wimmeln die Quallen.

Manche Wesen tarnen sich oder erfinden Mimikry.

Wichtig ist in jedem Einzelfall die Empirie:

Taugt die Nische, um Gene weiterzutragen

oder sollte die Art neue Wege wagen?

Dabei arbeiten folgende Wirkungsweisen:

Genkopierfehler, die „Mutationen" heißen,

variieren die Baupläne im Gen minimal.

Sodann trifft die Umwelt die Wahl,

ob die Variante einen Vorteil bringt.

Wenn ja, bleibt der Fehler eingeklinkt.

Wenn nein, sterben die Genmutanten aus,

falls die Fehlerkorrektur misslingt.

Meist werden sie zum leichten Schmaus,

oder Weibchen paaren sich mit ihnen nicht,

sodass ihre Vererbungslinie bricht.

9. Vier ist der Genbuchstaben Zahl –

wahrhaft genial!

Der Genbuchstaben gibt es genau vier.

Damit codiert sich alles von Aderbau bis Zackenzier.

Die Codierer zählen chemisch zu den Basen,

deren Namen wir bereits ganz oben lasen.

Pyrinbasen sind Guanin und Adenin,

Pyrimidinbasen Thymin und Cytosin.

Je eine von beiden Gruppen wird zusammengefügt,

was für einen Buchstaben schon genügt.

Abgelesen wird durch einen Kopiervorgang,

Eiweiße kopieren schlicht der DNA-Kette entlang.

Da das Leben mit einer einz'gen Sprache spricht,

durchdringt diese Schicht für Schicht

all dessen, was entsteht und sich entfaltet,

indem Altes abgewandelt wird und neu gestaltet.

10. Wenn das Leben zu oft bedroht,

sucht es neue Räume in seiner Not.

Um überleg'nen Beutegreifern zu entgehen

probierten manche Fische, auf Flossen zu stehen,

um sich kurz an Land zu stemmen.

Die Methode konnte wirksam Bejagung hemmen.

Forscher fanden in Kanada ein solch' Fossil

und bewiesen damit, was ihr Ziel,

dass solche Mischwesen tatsächlich existierten,

die des Lebens Strang in neue Bereiche führten.

Dieser erste Fisch, der auch den nächsten Schritt,

an Land zu atmen, tat, wurde benannt „Tiktaalit".

„Großer Süsswasserfisch" heißt das bei den Inuit.

Kiemen bilden noch heute menschliche Embryonen,

bis and're Gene sagen, dass sich Lungen mehr lohnen.

Die Zellen beider Organe filtern Sauerstoff,

ob aus Wasser oder Luft macht wenig Unterschied.

Dafür braucht es keine Planung aus dem Off

oder gar den großen Weltenschmied,

sondern nur viele Millionen Jahre Zeit,

während der Vorteile hat, der zu beidem bereit.

11. Neue Räume besiedelt nur,

   wer für neue Funktionen ändert die

   Struktur.

Diejenigen, die schließlich ganz auf dem Land blieben,

hatten nur Küstensand, um ihre Brut hineinzuschieben.

Länger überlebten dabei die, deren Brut besser umhüllt.

Es entstehen Schaleneier, die zudem mit Nahrhaftem
gefüllt.

Die Schale variiert von feucht-weich bis hart-trocken,

sodass auch Wüsten die „Amnioten" Genannten
anlocken.

Eine ihrer Untergruppen, die Dinosauriermenagerie,

neigte gar zu vorher nie dagewes'ner Gigantomanie.

Hoch oben fraßen in behäb'gem Gange

manche, deren Hals höher als 'ne Fahnenstange.

And're waren rundherum gepanzert, sodass ihnen nie
bange,

selbst wenn Tyrannus Rex kam mit seiner
Megabeißzange.

Dann stürzte ein Meteorit herab, Unheil war im
Schwange.

Es folgten Hunger, Tod und Aussterbzwange.

Als Nachfahren der Saurier überlebten Reptilien wie die
Schlange.

Am wenigsten litten die winzigen Insekten,

deren Vorfahren auch schon meterlange Flügel reckten.

Nicht wenige helfen Pflanzen beim Genemischen,

die ihnen dafür Nektar und Pollen auftischen.

12. Erneut schafft eine Katastrophe Platz für den nächsten Artenschatz.

Nachdem die Erde von den Riesenechsen befreit,

boten sich Lebensräume für neue Spezies weit und breit.

Die Pflanzen gestalteten ihre Formen neu,

blieben aber Synthese und bewährtem Gentransfer treu.

Vögel, ein weiterer Ast der Reptilienarten,

deren Körper überall an Masse sparten,

eroberten sich nun die Flughoheit,

komplett eingehüllt in ihr Federkleid.

Erstaunlich ist, dass sogar die Vogelknochen

von Lufthohlräumen sind durchbrochen.

Eine andere große Kategorie darf nicht fehlen,

zumal wir Menschen dazu zählen.

Das sind alle Gruppen von Säugetieren,

die sich noch viel mehr für ihre Jungen engagieren.

Ob im Nagernest gehütet, im Beutel oder am Bauch getragen,

und obendrein gestillt an der Mutterbrust,

dieser Nachwuchs darf sich nicht beklagen,

zumal die Aufzucht nicht nur pure Lust.

Auch manche Vögel ziehen Parallelen

und hüten ihre Küken besser trotz Querelen.

Es gibt zudem Säugetiere, die wieder ins Wasser gehen.

Wenn sie atmen, kann mensch wahre Fontänen sehen.

13. Neu gemischte Gene erlauben freieres Verhalten,

das umgekehrt kann Gene neu schalten.

Je mehr Zeit Eltern in Junge investieren,

desto mehr Fürsorge sie verspüren.

Alles, was sie sich angeeignet haben,

ist in Zukunft Teil der elterlichen Gaben.

Lernen heißt die neue Spitzenkraft,

die mehr Probierraum für Verhalten schafft.

Neu ist zudem die Erfindung „Kooperation",

für intelligente Arten eine ganz wicht'ge Lektion:

„Hilfst Du mir,

so helf ich Dir"

und „wer mir Böses tut,

der fürchte meine Wut",

bilden die klare Richtschnurleine

ob für Raben, Wölfe oder Schweine.

Wer sich nicht an diese Regeln hält,

mag lange einen Vorteil ergattern.

Doch wenn der Betrug ins Auge fällt,

beginnen die Hirne der Braven zu rattern.

Wer daraufhin den Gruppenhalt verliert,

seine Gene wohl nicht mehr weiterführt.

Sexuelle und andere Verhaltenskategorien

folgen regelrechten evolutionären Strategien.

14. Gäbe es wirklich Gottes Design,
existierte nur eine Art Menschenbein.

Kurz vor dem Ende noch ein paar Worte

zu uns'rer eignen Erbgutsorte:

Erectus, Heidelbergensis, Neandertaler,

(wie sie wissenschaftlich heißen),

Denisova und wir Sapientes, die Weisen:

manche haariger, manche kahler –

sie alle gehören zum Stamm der Primaten,

die irgendwann aufrecht ihre ersten Schritte taten.

Mit Hilfe der von Körperlast befreiten Hände

schuf ihr Erfindergeist Werkzeuge ohne Ende.

Jedes Winkelchen wollte Homo sapiens entdecken,

zu überwinden waren unfassbar lange Strecken.

Von Afrika aus habe die Wanderung begonnen,

vor allem entlang der Küsten, wie besonnen,

denn hier finden sich überall gute Leckerbissen,

ohne dass Jagden organisiert werden müssen.

Im Nahen Osten trafen zwei Arten zusammen,

die Neandertaler und wir, von ihnen stammen

einige Prozente unseres Sapiens-Gensatzes,

letzter Rest eines verlorenen Erbschatzes.

Alle, die damals an Tigris und Nil vorbeizogen,

tragen mehr Neandertaler-DNA laut Anthropologen.

Die in Afrika blieben, haben weniger davon,

vorausgesetzt, die aktuellen Zahlen stimmen schon.

Denn der Genaustausch verlief kreuz und quer,

das macht das Nachverfolgen schwer.

Die Nichtafrikanergene mussten sich ändern,

besonders an Kältesteppenrändern.

Heller die Haut, kleiner die Nase

oder mehr Masse und größer die Maße.

Erst recht, als Menschen die Landwirtschaft erfanden,

war ausreichend Vitamin D zu oft abhanden,

sodass wachsende Knochen erschlafften

und Mangelopfer dahinrafften.

Dagegen half nur eine hellere Haut,

die manchmal fast ganz weiß ausschaut.

Solche Unterschiede erzeugen aber keine Rassen,

egal, was Menschenhasser verlauten lassen.

Wer Rassetheorien zu bösem Zweck verbreitet,

ist sicher nicht von Wissenschaft geleitet.

Von Asien aus gelang der große Sprung

hinüber zu einem weiteren Kontinent.

Förderlich für den Wanderschwung

war eine langdauernde Eiseskälte, die stringent

gewal'ge Meeresmassen zu Eismonstern machte.

Als ein Klimaumschwung Wärme brachte,

waren die Einwanderer schon da

im dann vom Ozean wieder getrennten Amerika.

Zuvor waren zwar schon welche in Booten gekommen.

Ob deren Genfeuer in Amerika weiterhin glommen,

wird erst in naher Zukunft zu klären sein.

Ihre Bilder prangen noch heute am Felsgestein.

Deren Ähnlichkeit mit Saharabildern ist frappant.

Immer weiter wird geforscht, bis alle Genreisen
bekannt.

15. Auch wenn unsere Vorstellung

überfordert ist –

zur Rettung bleibt nur kurze Frist!

Da jedoch viele Leute Zweifel plagen,

ob nicht göttliche Hände ins Geschehen ragen,

seien gebündelt wenige Argumente,

leichte Ernte unser aller Denktalente:

Wozu müsste denn jahrmillionenlang das Leben

Genstränge testen und neu verweben,

wenn alles auf einmal wär' erschaffen?

Nicht mal bei uns, einem Ast der frühen Affen,

verlaufen die Entstehungsbahnen gerade.

Völlig anders, als es erzählt die Bundeslade!

Auch dass sich Artensterben aneinanderreihen,

wär' einem planenden Gott schwer zu verzeihen.

Es sind allein die großen Zahlen,

die uns're Vorstellungskraft zermahlen.

Wie ein Schnabel nur wenig wetzt vom Berg,

arbeitet auch die Evolution als Zwerg.

Aber was sich bewährt, wird vielfach kombiniert,

bis irgendwann ein Entwicklungssprung passiert.

Millionen Jahre übersteigen unser gewohntes Denken.

Auch dass Gene alle Vorgänge lenken

und ihrerseits vom Umfeld gesteuert werden,

ist wahrlich komplex geregelt hier auf Erden.

Um zum Beispiel eine Hand zu bauen,

sich viele Bauanleitungen in den Genen stauen.

Erst wenn die Wurzelknochen gemacht,

wird an den Daumen gedacht.

Zeigt der auf die linke Seite,

füllen die Finger die rechte Breite.

So einfach und doch so komplex –

kein Wunder, dass mensch zuerst perplex.

So viele Forschende freilich können nicht irren.

Ihre Beweise sind zu gut!

Darum weg mit den alten Mythen, die verwirren,

Denken wir lieber Neues mit frischem Mut!

Dafür ist es wirklich höchste Zeit,

uns bleibt nicht mehr lang Gelegenheit,

zu ändern unser menschliches Treiben,

damit wir uns nicht selbst entleiben.

Fürs Stellen der richtigen Weichen

würd' unser Verstand locker reichen.

Empfohlene Literatur zur Vertiefung

Richard Dawkins, Das egoistische Gen, Spektrum Akademischer Verlag, Erscheinungsjahr 2007

Neil Shubin, Der Fisch in uns, Fischer Taschenbuch Verlag, 2009

Sean B. Carroll, Die Darwin-DNA, S.Fischer Verlag, 2006

Bryan Sykes, Die sieben Töchter Evas, Bastei Lübbe Verlag, 2003

122 Seiten mit einem einzigen Endreim pro Land – auch so lässt sich trefflich durch 47 Länder reisen, die geografisch zu Europa gehören. Sie werden staunen, sinnieren und schmunzeln. Über die Franzosen heißt es u.a.:

„Die Revolution veränderte viele Chosen,
unter anderem verlängerte sie die Hosen.“

ISBN: 978-37-4609-964-4

7714 v. Chr. im Fruchtbaren Halbmond, an einem der Zuflüsse des Tigris: In dem jungsteinzeitlichen Volk der Gabbtaraner sind Männer als Brüder, Söhne und Liebhaber geachtet, aber „Ehemänner" oder „Väter" völlig unbekannt.

Da bringt die Farbmutation in einer Pferdeherde den angehenden Mann Horfet auf eine ungeheuerliche Idee. Ausgerechnet ein Verstoßener namens Boritak, der sich nur durch eine Lüge Zugang zu Horfets Dorf verschaffen konnte, stärkt dem jungen Mann den Rücken, als dieser schon aufgeben will. Doch Boritaks Absichten sind alles andere als lauter. Rach- und Geltungssucht beherrschen sein Denken. Geschickt manipuliert er Horfet, bis dieser tatsächlich etwas erlebt, das nicht nur sein Leben entscheidend verändert.

ISBN 978-38-4426-354-1